MathStart®
洛克数学启蒙❶

MathStart
洛克数学启蒙①

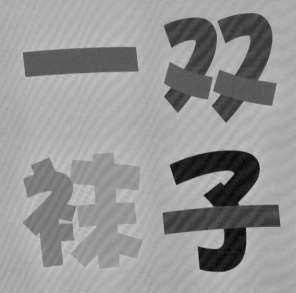

一双袜子

[美]斯图尔特·J. 墨菲　文

[美]路易斯·埃勒特　图

漆仰平　译

配对

海峡出版发行集团
THE STRAITS PUBLISHING & DISTRIBUTING GROUP ｜ 福建少年儿童出版社
FUJIAN CHILDREN'S PUBLISHING HOUSE

献给克丽丝廷——她的绝妙点子远多过她弄丢的袜子。

——斯图尔特·J. 墨菲

A PAIR OF SOCKS

Text Copyright © 1996 by Stuart J. Murphy

Illustration Copyright © 1996 by Lois Ehlert

Published by arrangement with HarperCollins Children's Books, a division of HarperCollins Publishers through Bardon-Chinese Media Agency

Simplified Chinese translation copyright © 2023 by Look Book (Beijing) Cultural Development Co., Ltd.

ALL RIGHTS RESERVED

著作权合同登记号：图字 13-2023-038号

图书在版编目（CIP）数据

　　洛克数学启蒙. 1. 一双袜子 / (美) 斯图尔特·J.
墨菲文；(美) 路易斯·埃勒特图；漆仰平译. -- 福州：
福建少年儿童出版社，2023.9.
　　ISBN 978-7-5395-8086-9

　　Ⅰ.①洛… Ⅱ.①斯… ②路… ③漆… Ⅲ.①数学 -
儿童读物 Ⅳ.①O1-49

　　中国国家版本馆CIP数据核字(2023)第005294号

LUOKE SHUXUE QIMENG 1 · YI SHUANG WAZI
洛克数学启蒙 1·一双袜子

著　　者：[美]斯图尔特·J.墨菲　文　[美]路易斯·埃勒特　图　漆仰平　译
出 版 人：陈远　出版发行：福建少年儿童出版社　http://www.fjcp.com　e-mail:fcph@fjcp.com　社址：福州市东水路 76 号 17 层（邮编：350001）
选题策划：洛克博克　责任编辑：邓涛　助理编辑：陈若芸　特约编辑：刘丹亭　美术设计：翠翠　电话：010-53606116（发行部）　印刷：北京利丰雅高长城印刷有限公司
开　　本：889 毫米 ×1092 毫米　1/16　印张：2.5　版次：2023 年 9 月第 1 版　印次：2023 年 9 月第 1 次印刷　ISBN 978-7-5395-8086-9　定价：24.80 元

一双袜子

我从未被人穿过。
这真是好不公平。

和我配对的那一只丢了，不能组成一双。
我得找到他才行。

脏 衣

这只又脏又臭，

篮

还跟我不一样。

9

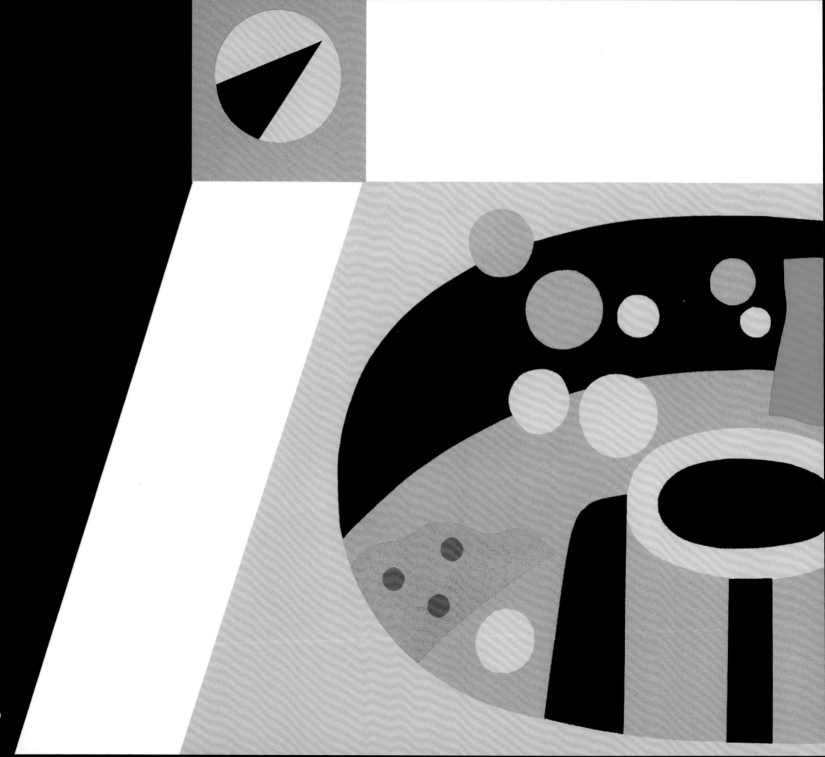

这只湿答答、黏糊糊——

11

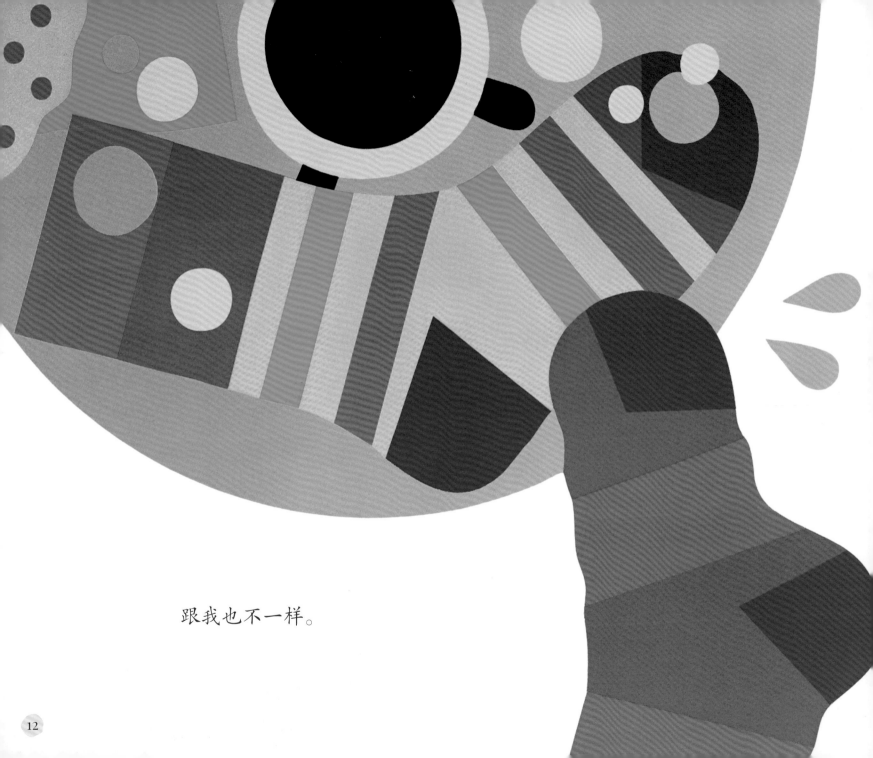

跟我也不一样。

13

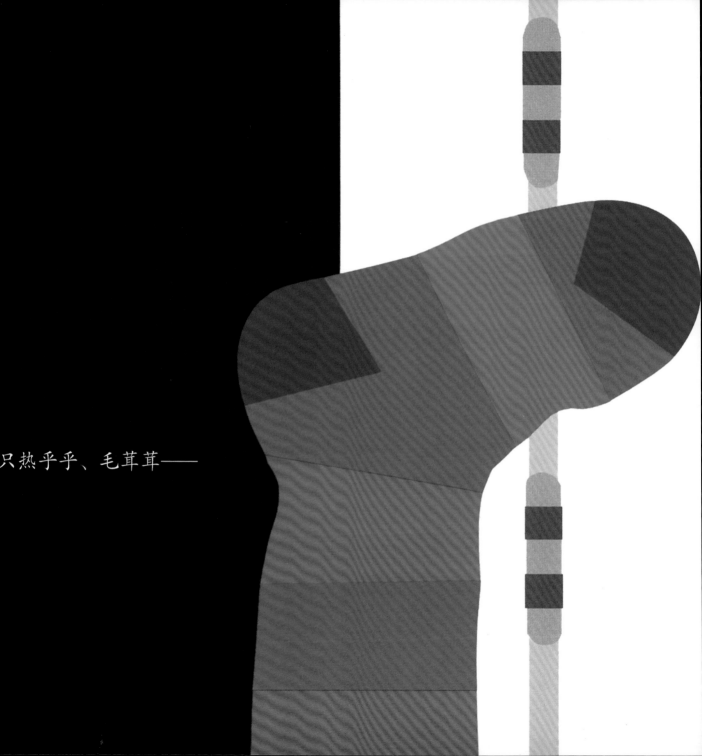

只热乎乎、毛茸茸——

但不是红蓝相间。

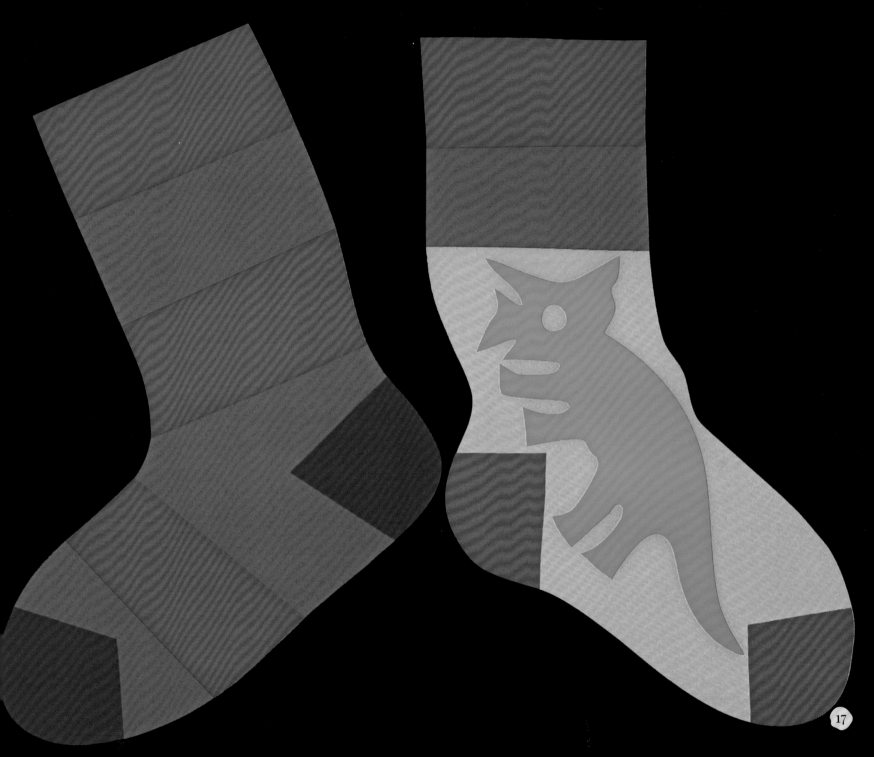

这只蓬松柔软、被叠得整整齐齐——

可是上面的点点不该出现。

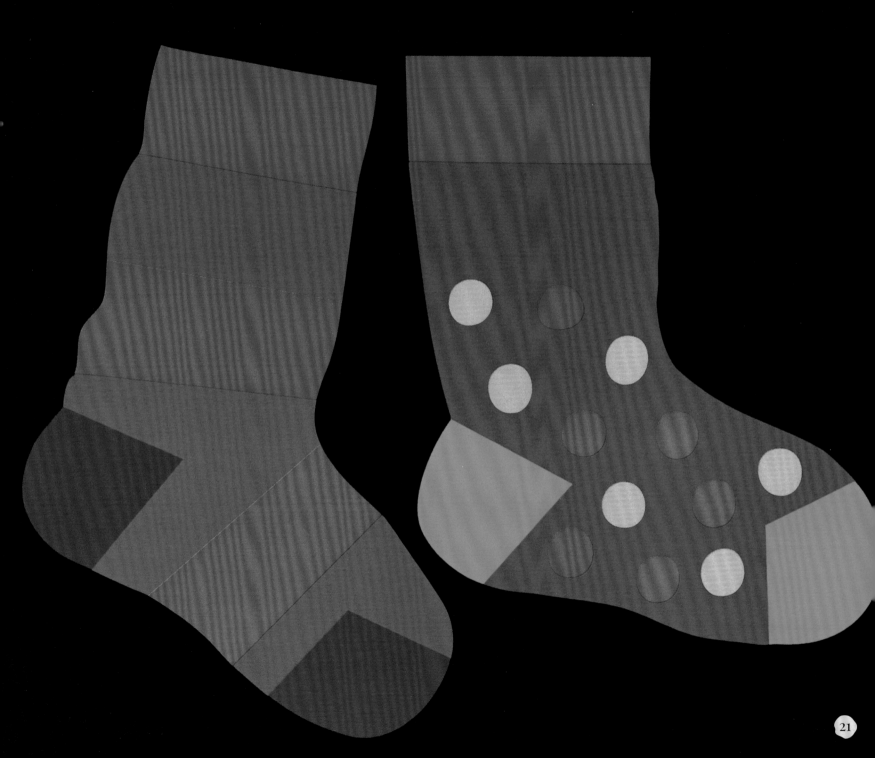

我被小狗叼了起来，
这可怎么办？！

幸好，他的小窝离得不远……

在我正要放弃的时候，发现你就在里头！

我终于找到了你，可我的脚跟已被咬破。
唉，还是不会有人来穿我们，真是霉运多多。

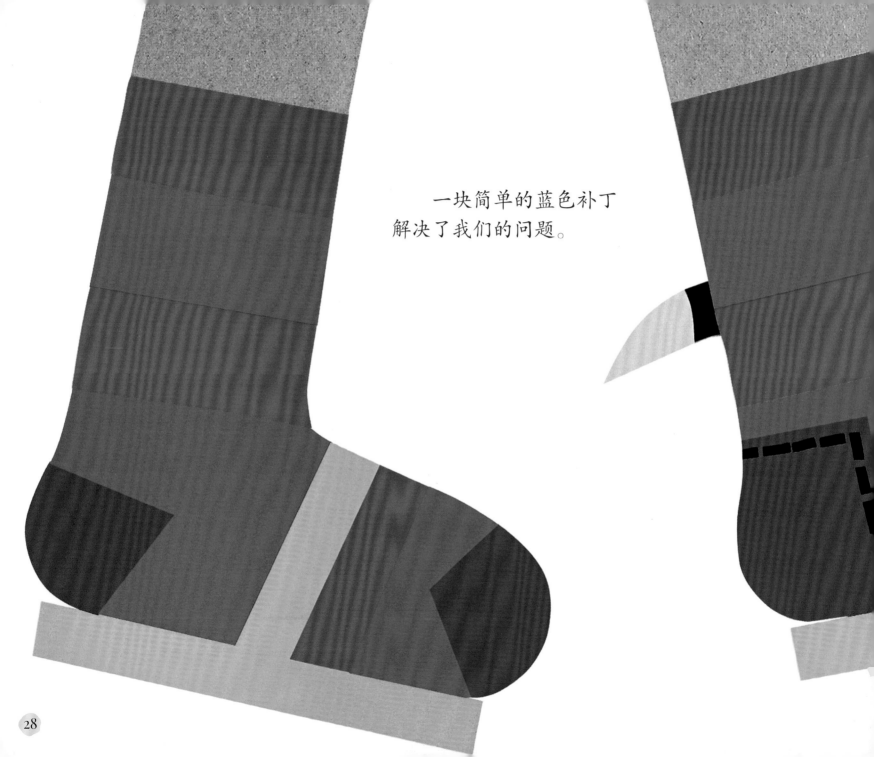

一块简单的蓝色补丁
解决了我们的问题。

新的旅行即将开始，
我和我的搭档在一起。

你能将这些袜子配成对吗？

写给家长和孩子

对于《一双袜子》所呈现的数学概念，如果你们想从中获得更多乐趣，有以下几条建议：

1. 和孩子一起读故事，让孩子描述每幅画面所传递的情节。

2. 在阅读故事的过程中向孩子提问，比如："这两只袜子是一样的吗？""这只袜子和那只袜子有什么不同？""你最喜欢哪只袜子？"

3. 一起来画袜子，为袜子涂上不同的图案，然后把它们剪下来。拆散成对的袜子，玩一玩袜子配对的游戏。

4. 收集一些成对或不成对的家居用品，比如手套、袜子、鞋子、餐巾、餐垫、毛巾等，然后运用书中的词汇来讨论它们。例如："哪几只鞋子是成对的？""哪些毛巾看起来不一样？""它们有什么不同？"

5. 观察生活中的物品，例如墙纸、地毯、地砖等，看看它们的图案是什么样的。把你们观察到的图案画出来，还可以设计属于你们自己的图案。

如果你想将本书中的数学概念扩展到孩子的日常生活中，可以参考以下这些游戏活动：

1. 趣味烘焙：用不同颜色的糖霜、糖屑、糖果来装饰饼干或纸杯蛋糕。把它们按一定顺序排列在盘子上，比如"红——红——绿——红——绿"，等等。问问孩子："你最喜欢哪种排列？"

2. 探索自然：收集一把树叶，依据大小把它们分成两三堆。将这些叶子按照"大——中——小——小——大——中——小——小"的顺序进行排列。再换其他顺序排一排。

3. 音乐节拍：玩"跟我学"的游戏，按照一定顺序完成拍手、跺脚等动作，例如"拍手——拍手——跺脚——拍手——拍手——跺脚"，等等。

4. 创意手工：收集一些不同颜色、不同大小的纽扣，按照一定顺序用绳子或纱线把它们穿成漂亮的项链，穿的时候注意要形成一定的规律。

洛克数学启蒙

《虫虫大游行》	比较
《超人麦迪》	比较轻重
《一双袜子》	配对
《马戏团里的形状》	认识形状
《虫虫爱跳舞》	方位
《宇宙无敌舰长》	立体图形
《手套不见了》	奇数和偶数
《跳跃的蜥蜴》	按群计数
《车上的动物们》	加法
《怪兽音乐椅》	减法

《小小消防员》	分类
《1、2、3，茄子》	数字排序
《酷炫100天》	认识1~100
《嘀嘀，小汽车来了》	认识规律
《最棒的假期》	收集数据
《时间到了》	认识时间
《大了还是小了》	数字比较
《会数数的奥马利》	计数
《全部加一倍》	倍数
《狂欢购物节》	巧算加法

《人人都有蓝莓派》	加法进位
《鲨鱼游泳训练营》	两位数减法
《跳跳猴的游行》	按群计数
《袋鼠专属任务》	乘法算式
《给我分一半》	认识对半平分
《开心嘉年华》	除法
《地球日，万岁》	位值
《起床出发了》	认识时间线
《打喷嚏的马》	预测
《谁猜得对》	估算

《我的比较好》	面积
《小胡椒大事记》	认识日历
《柠檬汁特卖》	条形统计图
《圣代冰激凌》	排列组合
《波莉的笔友》	公制单位
《自行车环行赛》	周长
《也许是开心果》	概率
《比零还少》	负数
《灰熊日报》	百分比
《比赛时间到》	时间